AF586651

OBSERVATIONS

DES

FABRICANS DE PARIS

OBSERVATIONS

DES

FABRICANS DE PARIS,

Sur le projet de loi et le projet de tarif des droits d'entrée et de sortie proposés par le comité d'agriculture et de commerce de l'assemblée nationale, et sur la suppression des droits de traite intérieure.

Suivies de quelques réflexions sur un Ouvrage qui, sous prétexte d'augmenter les liaisons de commerce de la France, ne tendroit à rien moins qu'à la destruction de toute industrie nationale.

L'an deuxième de la Liberté.

OBSERVATIONS

Des fabricans de Paris, sur le projet de loi et le projet de tarif des droits d'entrée et de sortie proposés par le comité d'agriculture et de commerce de l'assemblée nationale, et sur la suppression des droits de traite intérieure.

Le nouveau tarif des droits qui seront perçus à l'entrée et à la sortie du royaume, et le projet de la loi qui doit en assurer l'exécution, sont d'un intérêt trop général pour ne pas exciter l'attention de tous les commerçans de la France. Trop long-temps accablés sous le faix des anciennes loix fiscales, dont la bizarre contradiction est ce qu'elles ont de moins révoltant, le commerce et les fabriques sur-tout vont enfin sortir de la déplorable inertie dans laquelle ils languissent, et les dispositions bienfaisantes des nouvelles loix vont leur rendre une nouvelle existence.

Les fabricans de gazes, étoffes, passementerie, boutonnerie et broderie de Paris sentent combien ce moment est décisif, et quelle influence il ne pourra manquer d'avoir sur leur prospérité future ; aussi, tout en reconnoissant les avantages des changemens proposés, ils se hasardent à présenter leurs réflexions, et les idées de réforme ou d'amélioration dont le projet de loi et le tarif leur ont paru susceptibles.

Leurs observations porteront spécialement sur ce qui a rapport à leurs fabriques, mais elles s'étendront aussi sur quelques articles qui, au premier coup-d'œil, pourroient sembler leur être étrangers, si tout ce qui intéresse quelque branche particulière de commerce ne devoit pas intéresser tout l'ensemble des négocians.

Le droit de 14 sous et 10 sous pour liv. que payoient les soies étrangères à l'entrée du royaume, est remplacé dans le nouveau tarif par celui de 22 sous sur toute espèce de soie écrue, grèze ou organcin. Le motif de la conservation de ce droit est sans doute de laisser une concurrence plus avantageuse à ceux qui s'occupent en France de l'éducation des vers à soie : M. Goudard en a cru la nécessité si instante que, dans son rapport sur le reculement des barrières, il a traité particuliérement l'article des soies, et après avoir reconnu que la France manquoit de soies, qu'elle avoit intérêt d'attirer celles de l'étranger, il a néanmoins conclu à laisser subsister le droit, au moins provisoirement.

Les provinces méridionales de la France, celles enfin qui recueillent de la soie, voient peut-être avec plaisir la conservation de cette taxe, mais si nous leur prouvons qu'elle n'est jamais d'aucun avantage à celui qui fait la soie, qu'elle est absolument nuisible au fabricant qui l'emploie, et qu'elle tourne entiérement au profit d'un petit nombre de riches capitalistes qui achètent la soie d'une main, pour la revendre de l'autre, il nous semble que ces considérations d'un intérêt vraiment général feront envisager, sous son véritable point de vue, cette question dont la solution est si importante au commerce de la France, et qu'elles détermineront l'assemblée nationale à prononcer sans hésiter la suppression de tous droits, à l'importation des soies étrangères.

La France ne fournit jamais assez de soies pour ses fabriques, aussi, même dans les meilleures années, le cultivateur est toujours assuré de vendre ; et pour peu qu'il se conforme aux prix établis dans les autres contrées de l'Europe, il obtient une préférence que la proximité, et sur-tout l'intérêt personnel de l'acheteur, lui font donner naturellement. Dans ce cas, un droit de 22 sous sur les soies étrangères est, 1°. inutile eu égard à celles que la France peut fournir, parce qu'on n'ira pas chercher au loin ce qu'on peut trouver chez soi à prix égal et de même qualité.

2°. Il est véritablement nuisible, eu égard aux espèces de soie que la France ne peut nous donner, ou à l'excédent de consommation qu'il faut aller acheter à l'étranger, parce que même en payant le droit d'entrée, les fabriques n'en sont pas moins forcées de se procurer cet excédent, sous peine de manquer de l'aliment nécessaire à leurs travaux. Si cette différence de 22 sols profitoit aux cultivateurs, au moins l'encouragement qu'ils y trouveroient compenseroit en quelque façon le mal qu'elle fait aux fabriques ;

mais ceux qui connoissent la manière dont se fait le commerce des soies, savent que ce n'est jamais au cultivateur que reste le plus fort bénéfice; de sorte que le but réel ou apparent de l'imposition est entièrement manqué. La surcharge de 3 à 4 pour cent qu'elle occasionne sur les soies n'a d'autre effet que d'augmenter d'autant le prix des marchandises de nos fabriques, et de nous empêcher de soutenir la concurrence avec nos voisins, sur-tout avec les Anglais. Ceux-ci perçoivent à la vérité un droit sur les soies à leur entrée, mais une prime qu'ils accordent à l'exportation des marchandises fabriquées, en dédommage le fabricant avec usure.

Quand au contraire les soies sont rares, il est indubitable que toutes celles de France sont d'abord enlevées pour ses fabriques, et qu'insuffisantes en tout tems, elles le sont encore plus dans des momens de disette. Dans ces circonstances difficiles, un droit sur les soies étrangères est un véritable fléau, et il faudroit au contraire leur accorder une forte prime pour en provoquer l'importation, et pour fournir à nos fabriques une matière première, sans laquelle elles sont condamnées à l'inaction.

Les soies blanches (dites de Nankin) qui viennent de la Chine, sont et seront encore pendant long-tems nécessaires aux fabriques de toute l'Europe. La petite quantité de soie blanche que produit la France n'est qu'un point dans une immensité, et d'ailleurs il est rare que nos cultivateurs Français réussissent à nous donner de la soie aussi blanche que celle de la Chine, même avec la graine de vers-à-soie qu'on fit venir de ce pays il y a environ 25 ans par les soins de M. de Trudaine. Il est donc nécessaire pour le soutien de nos fabriques, de laisser arriver sans aucun droit cette matière première dont elles ne peuvent se passer, autrement il en résulteroit pour nous un désavantage réel, qui tourneroit entièrement au profit des fabriques nos rivales.

On nous répondra sans doute que pour encourager le commerce de l'Inde, il convient de laisser subsister un droit au moins sur celles des soies de la Chine qui seront achetées chez nos voisins en Europe. Mais ce que nous avons dit plus haut s'applique non moins justement aux soies de la Chine. A prix égal, toujours celles qui seront sous notre main auront la préférence, ainsi les négocians Français qui feront le commerce de l'Inde et de la Chine seront toujours certains de vendre lorsqu'ils ne pousseront pas leurs prétentions plus haut que le cours établi en Europe. Est-il de la saine politique de laisser au vendeur d'une matière première un moyen assuré d'entretenir toujours un prix plus élevé que celui payé par les fabriques des états voisins? D'ailleurs il pourra arriver que quelquefois les vaisseaux Français n'apportent point assez de ces sortes de soie, faudra-t-il alors laisser nos fabriques dans l'inaction, ou bien faudra-t-il au malheur d'être obligés de payer chèrement et de la troisième main la soie qu'auront apportée nos voisins, joindre la surcharge d'un droit qui fera plus que jamais pencher la balance en faveur des fabriques étrangeres ?

Il résulte donc que dans toutes les circonstances possibles l'impôt sur les soies étrangeres ne fera jamais le profit des cultivateurs, qu'il sera toujours onéreux aux manufacturiers, que son seul effet sera d'entretenir la masse de toutes les soies qui sont en France, à un excédent de valeur d'environ 20 sols par livre, et que cet excédent de valeur sera non pas pour celui qui recueille la soie, mais bien pour le capitaliste intermédiaire qui l'achete au cultivateur pour l'aller revendre au fabricant; que si les soies sont abondantes, celles de France n'en auront pas moins à prix égal sur celles de l'étranger une préférence qui sera forcée, puisqu'elle sera causée par l'intérêt même de l'acheteur; que quand les soies seront rares, l'intérêt des fabriques exige impérieusement qu'au moins on ne mette aucune entrave à une importation devenue nécessaire; ainsi pour tous les tems, et pour l'intérêt de tous, il est donc indispensable de faire disparoître ce droit sur le nouveau tarif.

Les fabricans de soieries sont-ils donc moins précieux à l'état que ceux qui emploient les laines, les lins et les chanvres? La France a le plus grand intérêt à encourager la culture de ces diverses matières, et cependant une disposition aussi sage que bienfaisante, a exempté de tous droits celles apportées de l'étranger. Pourquoi greveroit-on l'importation des soies d'une taxe qui ne paient point d'autres matières premières, et qu'une administration bien entendue ne doit pas laisser subsister? Les laines de France peuvent sortir moyennant un droit ; les soies au contraire sont, dans tous les cas, rigoureusement retenues : donc on a jugé le besoin des soies plus pressant encore que celui des laines ; donc aucun obstacle ne doit être mis à leur importation.

Le rapporteur, pages 22 et 23 du rapport sur le reculement des barrières, a très-bien réfuté la proposition de permettre la réexpédition des soies étrangères avec la restitution des droits qu'elles auroient payés à l'entrée ; mais ce point est si important, il pourroit être si adroitement présenté ou à cette législature ou aux suivantes, comme un moyen de donner plus d'essor au commerce de cette précieuse denrée, que les fabricans croient devoir particulièrement insister sur la nécessité absolue de retenir en France les soies étrangères lorsqu'une fois elles y sont entrées, et de n'en pas autoriser la réexpédition, même sans aucune restitution des droits, dans le cas où l'Assemblée nationale prononceroit qu'elles en doivent payer à l'entrée.

Toute autre mesure favoriseroit les spéculations de l'agiotage qui, depuis une douzaine d'années, ne s'exerce déjà que trop sur cette matière première, et on verroit s'écouler sous la dénomination de soies étrangères, les soies nationales, qui seroient d'un grand secours aux étrangers, et surtout aux Anglais, nos voisins et nos rivaux.

Le droit de 30 sols sur les soies teintes et sur celles à coudre, ne semble pas trop considérable, parce qu'il est beaucoup mieux de faire teindre et de préparer en France les soies convenables à cet usage, que de les recevoir toutes préparées.

Les cocons sont grevés d'un droit de 11 sols par livre. Cette taxe disparoîtra avec celle sur les soies; mais dans le cas où les soies continueroient à payer, il est nécessaire de se rappeller que pour faire une livre de soie, il faut neuf livres de bons cocons, et jusqu'à quatorze livres de cocons médiocres : ainsi, dans une proportion purement arithmétique, si le droit est de 22 sols sur la soie, il ne doit être tout au plus que de deux sols sur les cocons. Mais les cocons sont une matière première bien plus intéressante encore que la soie ; pour être mis en œuvre, ils occupent beaucoup de bras, et la haute valeur qu'ils acquièrent est purement industrielle : de sorte que, comme nous n'avons en France ni assez de soies, ni assez de cocons, comme il seroit très-utile de pouvoir entretenir pendant la plus grande partie de l'année nos fileuses auxquelles les soies de France ne donnent que quelques mois d'occupation, appliquons-nous donc à favoriser l'introduction d'une matière première, qui nous coûtera très-peu d'argent pour nous en rapporter beaucoup ; et si le système de l'administration n'est pas de donner des primes, au moins détruisons pour les cocons, toute espèce de droits d'entrée.

Les laines étrangères non filées sont exemptes de droits à l'entrée, et celles de France sont taxées à 50 liv. par quintal à la sortie. Cette disposition est sage sans doute ;

mais est-elle suffisante ? ne fournit-elle pas d'elle-même des moyens à la fraude ? Ne pourra-t-il pas arriver qu'aux termes du tarif, on voudra faire sortir sans payer de droits, ou des laines étrangères dont nous avons besoin, ou des laines nationales qu'on déclarera comme étrangères, et qui par ce moyen éluderont le droit de sortie, et par conséquent sortiront avec d'autant plus d'abondance. Il ne suffit pas de dire qu'à la vue des laines, on connoît ordinairement quel pays les a produites. Il faudroit donc supposer dans les commis des barrières, une expérience non commune, pour juger ainsi d'un coup-d'œil la qualité des laines, dont beaucoup n'ont point de caractère distinctif; et en outre, les circonstances peuvent changer : si la France exporte annuellement très-peu de laines non filées, une disette locale peut mettre l'étranger dans le cas de nous en acheter beaucoup ; ne seroit-ce que pour nous les revendre chèrement ensuite, comme font les Hollandois qui revendent à notre trésor public les lingôts d'argent que nos banquiers Français leur envoient journellement. Il faut donc que la loi, prévoyant toutes les circonstances, ne laisse pas subsister la facilité d'éluder les droits au moyen d'une fausse dénomination. Il semble que tous les inconvéniens seront évités, et que le législateur aura rempli le but qu'il se propose, en adoptant une mesure très-simple, qui est de soumettre au droit de 50 livres par quintal toutes les laines non filées qui sortiront de France, soit qu'elles soient déclarées comme nationales ou comme étrangères ; sauf à diminuer par la suite la quotité de ce droit, si les progrès de l'agriculture et l'état de nos éducations de moutons nous mettent dans le cas de trouver notre avantage à envoyer à l'étranger le superflu de nos laines.

Les laines filées sont imposés à la sortie, à 9 liv par quintal. Ce n'est pas assez ; les Anglais en ont besoin, ils en emploient certaines qualités, sans les quelles ils ne pourroient peut-être faire les étoffes qu'ils nous vendent ensuite. Il convient donc d'élever ce droit de sortie à 20 ou 25 livres par quintal. Un tel droit n'empêchera pas les étrangers de nous acheter ce dont ils ne pourront se passer, et cette légère augmentation nous laissera quelqu'avantage sur le prix de nos marchandises fabriquées, en même temps qu'elle sera profitable au trésor public.

Le fil blanc, simple ou plat, paroît omis dans le tarif; c'est peut-être une faute d'impression au sixième article de la page 12, ainsi conçu : *fil de lin et de chanvre simple, bis et écru ;* ou a probablement voulu imprimer *simple, bis et blanc*. Cette légère correction paroît indispensable, si l'on veut que nous recevions à peu de frais, les fils blancs simples, dits de Cologne, et autres, qui sont nécessaires à beaucoup de nos manufactures.

Les fils d'étoupes nous sont trop précieux pour en permettre la sortie moyennant un droit de cinq sols par quintal. Combien de tisserans s'occupent dans les campagnes, à faire de grosses toiles, qui n'exigeant qu'une capacité très-médiocre, ont néanmoins l'avantage d'employer beaucoup de bras. Nous pensons donc qu'il conviendroit de mettre au moins 3 liv. par quintal de droit à la sortie, au lieu des cinq sols portés sur

le

le tarif. Mieux vaut envoyer à l'étranger les grosses toiles toutes fabriquées, que les fils qui servent à les faire.

La gomme adragant et le café paroissent avoir été oubliés dans le tarif.

Les dentelles de soie, noires et blanches, connues sous le nom de *blondes*, sont assujetties à un impôt de vingt pour cent à l'entrée. Nous devons observer que leur prohibition seroit peut-être une très-sage mesure. D'un côté, la Saxe en fabrique beaucoup de noires, et même à un prix assez bas; d'autre part, nous avons l'exemple de l'Angleterre qui, défendant très-sévèrement l'entrée des nôtres, commence à en fabriquer elle-même. Elle ne réussit pas encore complétement; mais qui sait où pourra s'arrêter cette nation aussi persévérante qu'industrieuse; et si malheureusement un caprice introduisoit quelque jour en France la mode des blondes anglaises, nos fabriques en ce genre seroient fort en danger. Ne nous refusons donc pas à établir la réciprocité et à prohiber les dentelles de soie étrangères, puisque les étrangers refusent de recevoir les nôtres. Nous ajouterons que par le traité de commerce avec l'Angleterre, ces blondes sont prohibées de part et d'autre.

La lie de vin pourra sortir moyennant dix sols par quintal. Dans l'ancien tarif la sortie en est interdite, et nous croyons indispensable de laisser subsister cette défense, pour la conservation de nos belles manufactures de chapeaux que les Anglais rivaliseroient peut-être avec avantage, si nous nous laissions enlever une des matières les plus nécessaires à cette fabrication.

Le coton en laine, etc., est taxé à 12 liv. le quintal pour la sortie. Ce droit est trop foible, si on veut empêcher les Anglais entr'autres, de faire sur cette matière première des spéculations qui ruinent nos manufactures. Il seroit très-à-propos de le porter à 20 liv. pour retenir en France ces cotons dont nous pouvons espérer de faire à l'avenir une consommation plus considérable, si nos fabriques en ce genre acquièrent l'extension dont elles sont susceptibles, et que l'usage des nouvelles machines à filer semble devoir nous promettre.

Les chardons à drapiers ne sont taxés qu'à 7 liv. 10 sols le quintal à la sortie. Nous pensons que c'est absolument insuffisant; peut-être les fabricans de draps ont-ils déjà demandé que la sortie en soit entièrement interdite, mais pour ne pas porter les étrangers à en favoriser chez eux la culture, il convient peut-être de les charger d'un droit qui les renchérisse, sans cependant en arrêter la vente. Nous demandons en conséquence que le droit de 7 liv. 10 sols soit porté à 15 liv.

Il reste un seul objet sur lequel les fabricans de Paris croient devoir fixer un instant l'attention des législateurs. Les droits de traite dans l'intérieur du royaume vont cesser, le commerce va être dégagé de ces entraves meurtrières; la ville de Paris sera-t-elle la seule qui continuera d'être assujettie à ces désastreuses redevances, multipliées sous mille dénominations. Nous n'avons point l'intention de nous élever ici contre la surcharge énorme des droits d'entrées de Paris, nous manquerions de l'espace nécessaire; d'ailleurs il convient de réserver cet examen à un autre moment. Notre but est seulement de demander la suppression absolue d'un droit qui se perçoit sans préjudice de ces mêmes entrées, et qui en est entièrement indépendant. Il est connu sous le nom de droit de régie, et se perçoit à la halle aux draps, sur les gazes, étoffes, rubans, etc. qui arrivent à Paris, même sur les gazes qui, fabriquées dans les atteliers de la Picardie pour le compte et par les soins des fabricans de Paris, avec des soies envoyées de Paris où elles ont déjà payé des droits, ont encore besoin après leur arrivée de deux ou trois mains-d'œuvre successives avant de pouvoir être mises en vente.

Ce droit occasionne aux fabricans de Paris, et frais inutiles, et perte de tems désagréable. Long-tems ils ont gémi de voir entre les mains des marchands-merciers, dont la profession est d'acheter et de revendre, la perception d'une taxe sur l'industrie de ceux qui fabriquent. Ce fut une grande erreur de l'ancienne administration de n'avoir pas su distinguer qui des deux avoit un intérêt plus direct au soutien de l'industrie nationale ou du fabricant qui n'a d'existence que par cette même industrie, ou du marchand qui toujours est intéressé à remplir ses magasins de marchandises étrangeres, dont la valeur réelle soit moins appréciée par le consommateur, et qu'il soit impossible d'aller acheter de la première main chez le fabricant voisin.

Tous les intérêts se réunissent pour la suppression de ce droit, qui sera également avantageuse aux fabricans et aux merciers, enfin à tous ceux qui s'occupent dans Paris du commerce des étoffes, gazes, rubans; et il est encore un autre motif de justice qui seul devrait en opérer la destruction quand il ne seroit pas déjà condamné par les principes décrétés par l'assemblée nationale nos gazes, nos étoffes, etc. circuleront par toute la France dégagées des droits énormes auxquels l'ancien tarif les assujettissoit. Seroit-il juste de conserver un droit sur les marchandises que les diverses villes de la France nous enverront en retour des nôtres?

Le droit de régie est nécessairement enveloppé dans la prescription des droits de traite intérieure, mais les fabricans ont cru convenable d'en faire appercevoir l'existence abusive, afin que par la suite on ne puisse arguer du silence des législateurs pour continuer à le percevoir, quoique sa destruction soit certainement dans leur intention, comme elle est implicitement prononcée par le décret sur le reculement des barrières.

C'est bien assez des sept droits réunis sous le nom de droit de domaine, et qui sont véritablement ce qui constitue les entrées de Paris sur les marchandises. En attendant qu'on prononce sur ceux-ci une diminution non moins indispensable, et surtout qu'on les ramène à une dénomination unique, nous devons rapporter un fait qui prouve quelle tendance ont les agens du fisc à percevoir plus que les véritables droits, soit par ignorance, soit avec une intention déterminée.

Aux termes des ordonnances, les soies doivent, en six droits réunis, quarante-un sols de domaine par quintal brut à l'entrée de Paris. Celles qui sont filées, c'est-à-dire la bourre ou estrasse cardée, et filée comme le lin ou le chanvre doivent, je ne sais pourquoi, un septième droit qui élève la taxe à cinquante sols onze deniers. Dans certains bureaux on a conclu que toutes les soies devoient cinquante sols onze deniers, et on y fait la perception sur ce pied. Un de nous (M. Renouard) refusa dernièrement de payer 3 liv. 14 sols 6 den. pour cent trente livres de soie écrue venant d'Alais, et il offrit cinquante-cinq sols, à raison de quarante-un sols du quintal; il reçut cette réponse :

La soie filée doit par quintal 2 liv. 10 s. 11 den. en vertu de la déclaration de 1692 et de l'édit du mois d'août 1781, d'où il résulte que les droits sur les cent trente livres de l'autre part, ont été bien et légitimement perçus. Paris le 22 septembre 1790.

Signé CHAGNEAUD, *receveur des droits d'entrée, barrière de Fontainebleau.*

M. Renouard ne perdit point son tems à prouver au receveur que le droit de cinquante sols onze den. portoit sur les soies cardées et filées, et non sur celles qui étoient encore dans leur état naturel, il paya 3 liv. 14 sols 6 den. au lieu de cinquante-cinq sols qu'il devoit. Qu'on ne regarde pas cette observation comme minutieuse et déplacée; il est mille occasions où les contribuables sont ainsi forcés de payer d'après des interprétations non moins erronées, et nous devons tous espérer que le nouveau tarif sera si clair qu'il ne laissera aucune prise à l'arbitraire des préposés.

SUR LE PROJET DE LOI.

L'article V du titre Ier porte que les marchandises omises au tarif acquitteront les droits d'entrée ou de sortie sur le pied de celles auxquelles elles pourront être assimilées.

N'est-ce pas laisser au régisseur la faculté de percevoir des droits sur des marchandises qui n'en devroient aucuns, et donner naissance à ces abus multipliés dont les négocians ont eu si long-tems à gémir. Nous nous hasardons à proposer de substituer l'article suivant :

« Les marchandises ou denrées qui ne se- » ront point indiquées au présent tarif soit » spécialement, soit sous une dénomination » générique, ne seront assujetties à aucun » droit ; mais le régisseur aura la faculté de » s'adresser au corps législatif pour sollici- » ter un décret qui détermine si les mar-

» chandises qu'on appercevra avoir été omi» ses devront continuer d'être exemptes de » droits. »

Titre Ier, art. 7e. Il sera payé 10 sols par chaque acquit de payement lorsque les droits monteront à 6 liv. et au-dessus, etc. le prix du timbre sera en outre remboursé.

N'est-ce pas assez de payer les droits et le timbre, sans être obligé de payer encore pour l'expédition de l'acquit. Il sembleroit conforme à la justice que les acquits de payement fussent expédiés sans être chargés de cet excédent de frais, ou tout au plus avec 2 sols 6 den. pour ceux dont les droits monteroient à 3 liv. et au-dessus.

Titre 2, art. 2. Les marchandises qui arriveront hors le tems de la tenue des bureaux seront déposées sans frais dans les dépendances de ces bureaux, etc.

Ces mots *sans frais* sont importans ; ils détruisent l'exaction connue sous le nom de droit de garde, qu'il est bon de payer quand on a fait séjourner ses marchandises dans les douanes, mais qui étoit exigé sur toutes les caisses qui y arrivoient, n'y eussent-elles été entreposées que cinq minutes.

Titre 2, art. 16. On pourra employer les embaleurs attachés aux douanes, ou telles autres personnes qu'on jugera devoir choisir.

Il étoit absurde que ceux qui vouloient embaler chez eux courussent le risque d'être saisis et amendés quand ils y employoient d'autres personnes que leurs domestiques. Mais sera-t-on forcé de continuer à employer exclusivement les porteurs attachés aux douanes? Faudra-t-il toujours payer 15 ou 20 sols même pour le paquet le plus petit?

Ces porteurs privilégiés sont, dit-on, établis pour que les marchandises soient exactement portées à domicile, et ils répondent de tout ce qui leur est confié, un cautionnement fourni par eux est garant de leur fidélité.

Il n'y a, il est vrai, aucun inconvénient à les laisser subsister, pourvu que leur droit ne soit pas exclusif, et que tout particulier ait la faculté d'emporter ou de faire emporter ses paquets, par la raison que nul ne peut être forcé à payer une garantie qu'il refuse.

Dans plusieurs bureaux de messageries,

le port de chaque caisse ou ballot, gros ou petit, taxé à 20 sous, est au profit du sous-fermier qui en laisse seulement une portion à ses porteurs. C'est une exaction d'une singulière espèce, et que sa bizarerie ne rend que plus coupable.

Ces objets seront peut-être considérés comme au-dessous de la dignité du corps législatif. Aussi, nous n'en aurions pas fait mention, si nous n'eussions remarqué que le projet de loi ne dédaignoit pas de s'occuper de ce qui regarde les emballeurs dont on a bien moins fréquemment besoin que des porteurs.

Titre 2, art. 24. Le régisseur pourra retenir les marchandises en payant un dixième de la valeur déclarée.

Cette clause pourroit donner lieu à de grands abus. Il pourroit arriver que les commis sollicités par d'autres marchands qui auroient besoin de la marchandise déclarée, donneroient cet excédent de 10 pour cent, et dépouilleroient par-là un honnête homme qui auroit fait une exacte déclaration.

En Russie on a la faculté de *souscrire les*

caisses, c'est-à-dire, d'en offrir une valeur au-dessus de celle portée sur la déclaration ; aussi, arrive-t-il souvent que des marchands se voient enlever des marchandises pour lesquelles ils ont cependant fait des déclarations exactes. Il semble donc nécessaire de déterminer que le régisseur sera tenu de donner le *sixième* en sus. Le fraudeur sera encore assez puni de recevoir le sixième en sus d'une valeur qu'il aura de beaucoup dissimulée, et le négociant de bonne foi ne sera pas exposé à se voir quelquefois privé d'une marchandise, que les spéculations du commerce ayant pu rendre rare, son voisin lui enleveroit forcément, au moyen d'un bénéfice de 8 à 10 pour cent, sur lequel il faut encore déduire les frais de voiture.

Titre 3. On ne voit pas indiquée la manière dont se feront à l'avenir les expéditions à l'étranger, des marchandises exemptes de tous droits. On répondra, sans doute, que ce qui ne devra rien sera purement et simplement voituré jusqu'aux frontières, sans aucune formalité préalable, pour y être visité, et passer ensuite à l'étranger sans aucuns frais de douane. Il étoit néanmoins nécessaire de s'expliquer sur cet objet. Les négocians et les douaniers sont habitués à voir passer les marchandises franches avec un plomb et un acquit à caution ; et le titre 3 ne dit pas assez que cette formalité n'aura plus lieu. Pour ôter toute espèce d'incertitude, et bien fixer la manière de faire ces expéditions, il paroît nécessaire de mettre en tête du titre 3 un article conçu en ces termes :

« Les marchandises qui sont exemptes de » droits à la sortie, seront expédiées à » l'étranger sans qu'il soit besoin d'aucun » plomb ni acquit à caution. Elles se- » ront seulement accompagnées d'une » déclaration, indiquant le nombre des » pièces, le poids, l'aunage ou la valeur, » etc. laquelle déclaration sera représentée » lors de la visite aux bureaux des fron- » tières ».

Beaucoup de négocians désireroient qu'il fût établi des bureaux de visite dans les principales villes du royaume, pour y plomber les caisses avant leur départ, afin d'éviter autant qu'il seroit possible, les visites faites aux frontières, et hors la présence des propriétaires ; cet expédient seroit aussi simple que peu dispendieux, et rendroit un grand service au commerce. (1)

Titre 10, art. 3. Si le prévenu a abandonné les marchandises sans se faire con-

---

(1) Il seroit trop long d'entrer ici dans tous les détails des désagrémens auxquels seroient exposés tous les négocians, s'ils étoient privés de la faculté de faire visiter et sceller leurs caisses sous leurs yeux. Nous croyons devoir renvoyer à un ouvrage publié précisément sur ce sujet, par M. Renouard fils, l'un de nous, intitulé : *Essai sur les moyens de rendre le reculement des barrières véritablement avantageux au Commerce, etc.* Nous invitons tous ceux desquels dépend la décision de notre demande, à parcourir cette brochure, au moins de la page 6 à la page 13 ; nous espérons qu'ils reconnoîtront combien il seroit dangereux pour le Commerce de ne pas conserver, au moins dans les principales villes, non pas des douanes, à Dieu ne plaise, mais de simples bureaux de visite, où l'on pût, moyennant un très-foible droit, faire visiter et plomber les caisses, afin d'éviter le bouleversement des marchandises, les frais énormes et les accidens de toute espèce, auxquels donneroit trop souvent lieu la visite aux frontières, faite en l'absence des propriétaires, ou autres personnes véritablement intéressées à la conservation des marchandises.

noître, il ne sera fait qu'une simple signification du procès-verbal au commissaire du Roi, ou au procureur de la commune.

Il pourroit arriver qu'un voiturier effrayé abandonnât une voiture contenant une ou plusieurs caisses de marchandises de contrebande parmi beaucoup d'autres. Dès-lors une simple signification du procès-verbal au commissaire du Roi, ou au procureur de la commune ne mettroit pas les propriétaires de bonne foi dans la possibilité de savoir où s'adresser pour faire les réclamations nécessaires. Nous demandons en conséquence, pour éviter cet inconvénient, qu'en laissant subsister l'article tel qu'il est, on y ajoute ces mots :

« Et l'extrait de ce procès-verbal sera » affiché pendant quinze jours dans le bu- » reau de la régie et le tribunal de district, » ou la maison commune du lieu où les » marchandises auront été abandonnées. »

Titre 9, art. 5. Le produit de la vente des effets non réclamés sera remis par le régisseur, les frais prélevés, à l'hôpital ou maison de charité du lieu où sera le bureau, etc. ou à l'hôpital le plus voisin.

On a annoncé plus haut que les douanes n'existeroient qu'aux frontières ; donc il ne pourra y avoir qu'aux frontières des ventes de marchandises non réclamées ; il suivrait de la disposition de cet article, que les hôpitaux situés dans l'intérieur ne participeroient jamais au produit de ces ventes ; et cependant les hôpitaux des grandes villes de l'intérieur, sont ceux qui ont le plus besoin de secours. Comme les marchandises délaissées n'appartenant à personne, sont par conséquent la propriété des pauvres de toute la nation, ne conviendroit-il pas de régler la répartition de ce secours, de telle sorte qu'elle fût partagée entre les hôpitaux qui ont droit d'y prétendre, soit par un versement à tour de rôle, soit par un partage fait à des époques déterminées.

Quelques-uns trouvent trop de rigueur et de complication dans les peines contre la fraude et les formes de procéder : les fabricans s'interdisent toute discussion sur cet article, dans lesquels ils ne sont pas suffisamment aidés des lumières de l'expérience, et ils sont intimement persuadés qu'il est nécessaire de prendre d'exactes mesures,

des

des mesures rigoureuses même, pour que les droits d'entrée et de sortie ne soient pas éludés, comme ils ne l'ont que trop souvent été jusqu'alors.

Arrêté par les Fabricans de Paris, extraordinairement assemblés à ce sujet.

Paris, le 23 novembre 1790.

RÉFLEXIONS.

Sur un ouvrage qui, sous prétexte d'augmenter notre commerce, ne tendroit à rien moins qu'à le ruiner entièrement.

Pendant l'impression de ce qui précède, nous avons eu connoissance d'un ouvrage qui vient de paroître sur le même sujet, par M. Farcot, marchand de toiles de Flandre, de mousselines de Suisse et autres marchandises étrangères. Son titre spécieux de *Questions constitutionnelles sur le Commerce*, nous a d'abord engagé à le lire; mais nous avons eu le déplaisir d'être arrêtés à chaque page par le ton décisif et tranchant avec lequel l'auteur, donnant ses propres idées pour des principes incontestables, et des suppositions chimériques pour des réalités, en tire les conséquences les plus inattendues et les plus contraires à la saine logique.

Nous garderions sur cette production le silence le plus absolu, si nous ne croyons nécessaire de répondre par une courte réfutation à des allégations que le commerce sembleroit avouer s'il ne les repoussoit pas aussi-tôt, et qu'il nous suffiroit de transcrire pour en faire voir l'absurdité. Nous ne suivrons pas l'auteur dans ses dissertations erronnées; nous ne releverons pas les invectives dont ils gratifie et les députés extraordinaires du commerce, et les membres du comité de commerce et d'agriculture de l'Assemblée Nationale. Nous nous garderons bien d'engager une guerre de plume qui ne s'accorderoit ni avec nos occupations particulières, ni avec nos principes; il nous suffira de présenter quelques-uns des raisonnemens les plus saillans de cet ouvrage, ceux sur lesquels son systême général est appuyé; peut-être cette courte analyse fera-t-elle assez connoître dans quel esprit il a été rédigé.

L'auteur annonce d'abord qu'une des loix

fondamentales que l'Assemblée Nationale devra établir, est celle qui déclarera si le commerce devra être à jamais assujetti au régime des prohibitions, ou en être affranchi à perpétuité.

Nous croyons inutile de faire sentir le danger, l'impossibilité même d'une pareille décision. L'Assemblée Nationale peut-elle prévoir les événemens futurs, et faire un principe constitutionnel d'un réglement que les circonstances forceront à modifier sans cesse.

Il s'élève avec véhémence contre toute espèce de loi prohibitive et contre tous les droits d'entrée et de sortie aux frontières, qu'il regarde tous indistinctement comme étant la ruine de tout commerce, tant intérieur qu'extérieur. Il avance que la destruction de ces loix peut seule donner à une nation une supériorité marquée sur celles qui ne jouissent pas du même avantage; que la liberté absolue de recevoir tous les produits de l'industrie et des fabriques étrangères peut seule faire ériger continuellement parmi nous de nouvelles fabriques; qu'enfin cette liberté appelle tous les hommes à talens, que repoussent au contraire les prohibitions.

Présenter des principes généraux et en faire des applications arbitraires, faire l'énumération de tous les maux qui peuvent nuire au commerce, et déclarer avec assurance que tous ces maux existeront tant qu'il y aura des loix prohibitives et des droits aux frontières ; faire d'un autre côté le tableau de tous les avantages que peut espérer le commerce dans les tems les plus prospères et sous l'empire des plus sages loix, et annoncer d'un ton dogmatique que tous ces avantages nous seront assurés aussi-tôt qu'on aura déclaré le commerce libre (1) ; c'est de quoi

---

(1) On remarquera que la liberté dont parle l'auteur, n'est ni celle des professions, ni la destruction des priviléges exclusifs, ni celle des loix bonnes ou mauvaises qui astreignent plusieurs fabriques à certains réglemens, tous ces points sur lesquels un zélé partisan de la liberté auroit eu tant de choses à dire, n'ayant pas un rapport immédiat avec le commerce *d'importation*, l'auteur n'a pas cru devoir s'en occuper. Son but est de fronder les loix par lesquelles on cherche à diminuer l'importation des marchandises étrangères et la sortie des matières premières qu'employent nos fabriques, c'est-à-dire, dans le vrai sens de l'auteur, par lesquelles on a l'injustice de porter atteinte au commerce de ceux qui jettent nos richesses à la tête de l'étranger, et de chercher à ranimer les travaux des fabricans qui, de concert avec l'agriculture, sont les principales sources des richesses de tout état bien administré.

séduire les gens inexpérimentés ; mais un observateur impartial et éclairé examine tout avec une scrupuleuse attention, et il a bientôt réduit de tels moyens à leur juste valeur.

Certes s'il étoit possible de détruire absolument toutes les loix fiscales ou prohibitives qui portent sur nos relations de commerce avec l'étranger, ce seroit la plus belle opération que jamais législateurs ayent consommée ; mais l'exécution de cette grande et noble idée n'a-t-elle pas besoin du concours de plusieurs peuples ? L'exemple peut-il être donné par la France seule, par la France remplie de manufactures dont les produits sont depuis quelques années comme à l'envi repoussés par la plupart des puissances étrangères. Si nous étions assurés de la réciprocité, il faudroit adopter ce changement, il faudroit en presser l'exécution ; mais cette résolution prise dans l'attente d'une pareille générosité de la part de nos voisins, seroit la conduite la plus inconséquente, et auroit bientôt opéré la destruction de nos fabriques.

Une considération aussi importante n'arrête aucunement l'auteur. Selon lui, *la na-*

tion qui ne seroit soumise à aucune prohibition, n'auroit pas besoin, pour le succès de son industrie d'obtenir réciprocité des nations qui exclueroient ses marchandises, parce que malgré les prohibitions, toujours les marchandises de la nation libre trouvent à s'introduire chez celle qui ne l'est pas, et d'ailleurs ce qu'une nation refusera, d'autres seront empressées de le demander. Et plus bas, page 128, *que les Anglais prohibent nos marchandises tant qu'ils voudront, ils porteront toujours leur argent d'un bout du monde à l'autre, pour y acheter ce qui leur est nécessaire. Que nous importe que cet argent nous parvienne par Alger ou Constantinople, etc. nous le recevrons toujours, et nous le remettrons volontiers aux Anglais en échange de leurs chefs-d'œuvre, nous serons bien assurés d'un bénéfice, si nous voulons porter leur acier, etc. chez des peuples qui ne refuseront pas notre entremise pour ce commerce. C'est ainsi que le peuple libre peut se rire de toutes les prohibitions de gouvernemens oppresseurs.*

Est-ce un Français qui déclame de pareilles maximes ? Est-ce celui dont tout l'ouvrage retentit des mots sacrés de liberté et de prospérité publique ? Devons-nous réduire nos relations de commerce à la triste et honteuse ressource d'introduire nos marchandises en contrebande chez des peuples étrangers, en même tems que nous leur donnerions une entière liberté de nous envoyer les leurs avec une extrême abondance. Nous avons regret de le dire, mais cette phrase : *nous leur remettrons volontiers cet argent pour leurs chefs-d'œuvre* (lors même qu'ils ne nous achetteront rien) eût-elle pu venir à l'idée d'un négociant tant soit peu animé du desir de voir son pays heureux et prospère ? et si nous envoyons aux Anglais cet argent qu'il plaît à l'auteur d'appeller le leur, que deviendra la classe nombreuse et intéressante qui ne vit que du travail de ses mains ? On reconnoît bien là le langage de gens aux yeux desquels l'industrie nationale n'est d'aucun prix, de ces gens habitués à faire sur les marchandises étrangères des spéculations que la proximité, et une concurrence trop redoutable ne leur permettroient pas de faire sur les objets fabriqués à côté d'eux. Disons-le, ce mot que depuis longues années nous avons eu la trop grande retenue de taire, disons-le au moment où cet écrit nous annonce combien quelques-uns craignent le réveil de l'industrie des fabricans. Toujours les marchands ont cru leurs intérêts en contradiction directe avec ceux des fabricans ; toujours ils ont mis tous leurs soins à rendre nulles leurs relations de commerce avec les manufactures nationales. Qu'un marchand soit sincère, même dans ce tems où nos fabriques ont un si grand besoin d'encouragement, ne s'applique-t-il pas constamment à étaler dans sa boutique ou son magasin de nombreux assortimens de marchandises étrangères ? Si quelquefois il daigne y admettre quelques marchandises nationales, c'est seulement quand une certaine conformité avec celles de l'étranger, lui laisse l'espoir d'en déguiser l'origine, et de les vendre comme étrangères. Ainsi le consommateur est toujours entretenu dans la persuasion que les fabriques du pays ne peuvent rien lui fournir de passable.

De nouvelles loix plus favorables aux fabricans, vont leur rendre la prospésité qu'elles ont depuis si long tems perdue. Dans un état vraiment libre, rien n'empêchera le fabricant de donner un nouvel essor à son génie, et de nombreux succès lui assigneront enfin la place qu'il doit occuper dans la société. Ils ont dû être satisfaits, ceux pour lesquels notre inaction forcée étoit une source de richesses. Ils ont pu assez long-tems profiter d'un systême qui s'opposant par tous les moyens à la sortie des produits de notre industrie, n'étoit favorable que pour l'introduction des marchandises étrangères.

Chapitre V. *La liberté d'importation fait continuellement ériger de nouvelles fabriques.* Oui dans les pays qui envoient, mais point dans ceux qui reçoivent ; j'en appelle à l'expérience et au témoignage du sens commun ; dans un pays rempli de marchandises étrangères, le fabricant pourra-t-il obtenir pour les siennes une préférence qu'on est si involontairement disposé à accorder à ce qui est étranger ?

Page 30. *La liberté appelle tous les*

hommes à talens que repoussent les prohibitions.

Ne sembleroit-il pas que quelques droits perçus à l'entrée ou à la sortie de certaines marchandises vont forcer tous les gens à talens de fuir désormais cette contrée malheureuse. Quel pays au contraire attirera plus que la France les talens de tous les genres ? N'est-ce pas sous l'empire de cette liberté bienfaisante, que l'auteur s'obstine à méconnoître, qu'accourront en foule ceux qui se sentiront appellés à de grandes choses. Le fabricant étranger qui trouvera des obstacles à nous faire parvenir les résultats de son industrie, ne sera-t-il pas, pour ainsi dire, par cela même engagé à venir se fixer dans un pays qui, sous tous les rapports, lui promettra de si grands avantages ?

Page 132. *Déclarons aux Anglais que quelle que soit la conduite de leur gouvernement à notre égard, en temps de paix, en temps de guerre, nous admettrons tous les genres d'industrie dans lesquels ils excèlent. Les Anglais prendront-ils ce temps pour nous repousser plus sevèrement, et parce que nous* SOMMES GÉNÉREUX, *se rendront-ils coupables de bassesse, etc.*

Peut-on se figurer que de telles phrases aient été écrites sérieusement. Dans l'île d'Utopie on pourroit compter sur un aussi heureux accord ; mais une longue expérience ne prouve-t-elle pas qu'en profitant de la facilité de nous accabler de marchandises, on ne conserveroit pas moins soigneusement les obstacles qui empêcheroient d'acheter les nôtres.

Selon l'auteur, l'industrie par excellence est, non pas celle qui de rien obtient des résultats d'une haute valeur, celle des manufactures enfin ; mais bien celle qui amène en France les objets étrangers les plus propres à flatter nos goûts, et à multiplier nos jouissances.

Pag. 96. *Toute balance de commerce entre deux nations, se réduit toujours à zéro, c'est-à-dire que chaque contractant s'appliquant à mettre la plus grande égalité dans son marché, il a toujours été donné de part et d'autre, des valeurs qui font que l'ensemble des actes du commerce n'a jamais fait recevoir à une nation plus de valeur qu'elle n'en a donnée.*

Si on achette pour revendre, on a quelque certitude de voir rentrer les valeurs qu'on a déboursées, et si on a su bien diriger l'ensemble de ses opérations, la balance du commerce reste tout au moins égale. Mais toutes ces étoffes, ces quincailleries anglaises, etc. pour lesquelles nous avons prodigué des sommes immenses pendant que nous ne vendions presque rien aux Anglais, étoient-elles destinées à être expédiées à l'étranger ? N'ont-elles pas été au contraire consommées, usées dans la France, et conséquemment en pure perte pour nous ? Est-il donc exact de dire qu'alors notre balance de commerce étoit égale à zéro ?

Pag. 103. *Déclarez nos Colonies ouvertes à toutes les nations ; elles deviendront l'entrepôt naturel de tous les produits des manufactures françaises.*

Est-il possible de réunir deux idées plus discordantes ? Nous ne voulons pas préjuger ici le grand procès des Colonies ; mais il est bien certain que si elles sont ouvertes à toutes les nations, elles recevront d'autant moins de marchandises françaises.

Pag. 104. *Les Colons trouveront à Bordeaux, au Havre, etc. les étoffes de la Chine ; les marchandises d'Allemagne, de l'Angleterre, d'Irlande, etc. tout le produit du monde entier.*

Chap. 12. *Une entière liberté d'importation et d'exportation rendroit la France l'intermédiaire des transactions commerçantes du monde entier ; le magasin des produits de toutes les fabriques étrangères que nous tirerions du nord pour les vendre au midi, etc. etc.*

Pag. 113. *Dans les cas où la main d'œuvre étrangère est à plus bas prix que la nôtre, c'est à nous à profiter du bas prix de cette industrie lointaine, pour en faire l'objet de spéculations de commerce avec le reste du monde.*

Tous ces raisonnemens se ressemblent. Comment supposer que les Colons viendroient chercher à Bordeaux, etc. des marchandises anglaises, lorsqu'ils pourroient les aller acheter aux Anglais, lorsque ceux-ci les leur porteroient eux-mêmes? Comment supposer qu'une liberté absolue d'importation nous procureroit avec tous les peuples un immense commerce d'exportation ? Croit-on que tous les peuples de la terre, non moins éclairés que nous sur leurs véritables intérêts, consentiroient à nous laisser un bénéfice intermédiaire sur leurs achats, par la seule raison qu'ils auroient toute facilité à nous surcharger de leurs marchandises. Au lieu d'augmenter leurs acquisitions dans nos fabriques pour balancer ce que nous leur devrions, ils se payeroient en lettres de change sur nous, à l'ordre des manufacturiers étrangers, auxquels ils auroient su comme nous achetter de la première main ; ils se trouveroient payés sans nous avoir fait plus d'achats qu'à l'ordinaire, nous resterions avec beaucoup de marchandises étrangères invendues, et le résultat de nos spéculations inconsidérées seroit un payement considérable à faire en écus. Car après avoir reçu plus que nous n'aurions envoyé, il faudroit bien que le solde final fût en espèces, et c'est précisément cette extraction continuelle d'espèces qui appauvrit un état, parce qu'elle est un signe certain ou qu'on manque de marchandises pour payer ses échanges, ou que si on a des marchandises elles sont refusées par les créanciers étrangers, et ces deux alternatives sont également affligeantes et funestes.

Pour couronner ses raisonnemens, l'auteur prétend, *page* 154, *que nous avons tort d'inculper le traité de commerce avec les Anglais qui selon lui nous a été avantageux.*

Pag. 156. *Si quelques manufactures à l'instar de l'Anglais se sont élevées en France, il l'attribue au traité de commerce sans lequel ces foibles fabriques n'auroient pas pris naissance.*

Nous avons quelque honte d'avoir aussi longtems arrêté le lecteur sur des assertions qui ne pourront jamais persuader que ceux intéressés à l'être. L'écrit que nous venons de réfuter trouvera des partisans, nous le savons; il n'est que trop de gens avec la malheureuse persuasion que les fabriquans ne peuvent prospérer sans que beaucoup d'autres en souffrent.

Qu'on ne s'imagine pas que nous aurions la mal-adresse de désirer une telle latitude de prohibitions, qu'assurés de vendre nos marchandises au moins dans la France, nous pussions les fabriquer avec négligence, et les vendre néanmoins un haut prix. Ces reproches mal fondés sont sans cesse mis en avant contre les fabriques, et contre ceux qui les protégent. Nous ne demandons rien autre chose que des loix sages et modérées qui, sans nous priver des moyens d'émulation que peuvent nous fournir les fabriques étrangères, nous préservent seulement de l'extrême affluence de leurs marchandises ; affluence qui, lorsqu'elle n'est pas compensée par une égale exportation, a bientôt épuisé les richesses des états les plus florissans.

De l'imprimerie de CHALON, rue du Théâtre Français, 1790.

des mesures rigoureuses même, pour que les droit d'entrée et de sortie ne soient pas éludés, comme ils ne l'ont que trop souvent été jusqu'alors.

Arrêté par les Fabricans de Paris, extraorninairement assemblés à ce sujet.

Paris, le 23 novembre 1790.

On devroit trouver ici la réfutation que nous avons annoncée sur le titre ; mais l'Assemblée Nationale ayant décidé la question pendant l'impression de ce dernier ouvrage, nous avons cru qu'elle devenoit inutile, et qu'il étoit convenable de la supprimer.

A PARIS, de l'Imprimerie de CHALON, rue du Théâtre Français, 1790.

www.ingramcontent.com/pod-product-compliance
Lightning Source LLC
LaVergne TN
LVHW012009160826
845678LV00002B/738

* 9 7 8 2 3 2 9 6 6 5 3 9 9 *